第三届中国杯盆景大赛专辑

ALBUM OF THE THIRD CHINA CUP PENJING COMPETITION

中国花卉协会盆景分会 ◎ 主编

中国林业出版社
China Forestry Publishing House

图书在版编目(CIP)数据

第三届中国杯盆景大赛专辑 / 中国花卉协会盆景分会主编. -- 北京：中国林业出版社, 2022.9
ISBN 978-7-5219-1518-1

Ⅰ.①第… Ⅱ.①中… Ⅲ.①盆景—观赏园艺—中国—图集 Ⅳ.①S688.1-64

中国版本图书馆CIP数据核字(2021)第281409号

第三届中国杯盆景大赛专辑
DISANJIE ZHONGGUOBEI PENJINGDASAI ZHUANJI

责任编辑：张华

出版	中国林业出版社（100009　北京西城区刘海胡同7号） 电话：(010)83143566
制版	北京八度出版服务机构
印刷	北京雅昌艺术印刷有限公司
版次	2022年9月第1版
印次	2022年9月第1次
开本	635mm×965mm　1/8
印张	27
字数	396千字
定价	298.00元

《第三届中国杯盆景大赛专辑》
编辑委员会

主　任　江泽慧

副主任　赵良平　张引潮　施勇如　李　政　缪　京　蔡友铭

委　员（按姓氏笔画排序）

　　　　丁兴华　王志刚　韦群杰　华炳均　刘天明　刘乘宏
　　　　刘雪梅　刘惠忠　苏金乐　杜永红　杨梦君　张世坤
　　　　张百璘　张海兵　张静国　陈玉峰　邵火生　郁京忠
　　　　郑长才　郝继锋　胡世勋　施勇如　袁　刚　袁心义
　　　　徐正建　徐世勇　徐家顺　唐自东　黄教虎　黄就伟
　　　　盛影蛟　覃超华　蔡子章

主　编　赵良平

副主编　张引潮　施勇如　郝继锋　张海兵

编　写　王舜慧　严海泉　吴微微　葛　宇　袁杨梦秋

摄　影　贾勃阳　孙　英　钱朋林　袁杨梦秋
　　　　钱　敏　陈邦林

前言 PREFACE

第十届中国花卉博览会于2021年5月21日至7月2日在上海崇明举行,在此期间,第三届中国杯盆景大赛于花博园百花馆举办。6月23日开幕,7月2日闭幕。本届大赛由中国花卉协会作为指导单位,中国花卉协会盆景分会和上海市崇明区人民政府具体承办,上海市花卉协会协办。17个省(自治区、直辖市)241家单位和个人共310盆作品参赛。同时,在庆祝建党百年特展区,特邀4个省10盆建党主题作品集中展出。

第三届中国杯盆景大赛主题为"江风海韵,诗情画意"。一是从"江""海"交汇的地理位置上反映其鲜明的文化背景。本届大赛举办地在上海崇明,辐射于经济发达、文化繁荣的长三角,不同流派、不同风格的盆景同台竞技,是华夏璀璨文化的多元化崭露。二是从盆景如"诗"如"画"的造型艺术上诠释其特有的观赏价值。把"绿水青山"理念和"花开中国梦"的愿景深植整个活动之中。

本书记录了大赛的活动概况、组织机构、评分原则及标准、评委和监委名单、获奖结果等内容;收录了前期筹备、布展及评审现场、颁奖仪式场景、盆景创作表演近景等资料。比赛、展览、表演相结合,全面真实地呈现出大赛"高点定位、主题鲜明,追求卓越、亮点纷呈,组织周密、推进有力"的特点,让读者在艺术鉴赏中获得特殊的审美享受和丰富的精神愉悦!

编 者

目 录
CONTENTS

综述 / 7

 第三届中国杯盆景大赛评奖要求 / 13

 第三届中国杯盆景大赛评比委员会、监督委员会名单 / 15

获奖作品介绍及部分参展作品展示 / 17

 特等奖 / 24

 金奖 / 32

 银奖 / 49

 铜奖 / 78

 优秀奖 / 120

庆祝建党 100 周年题材盆景作品 / 203

附录：第三届中国杯盆景大赛获奖情况一览表 / 209

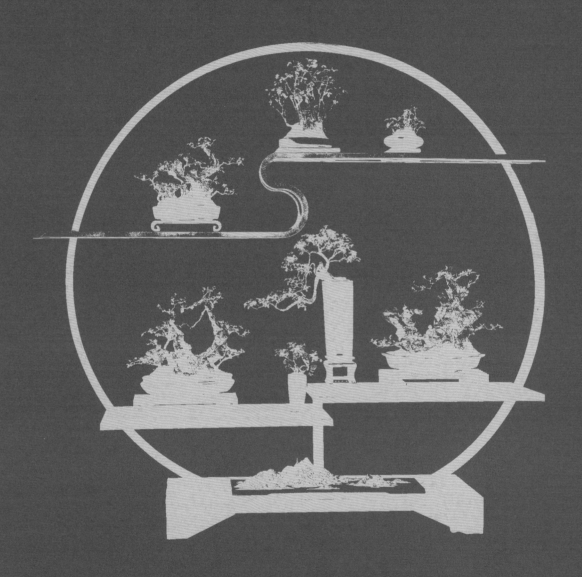

综述

第三届中国杯盆景大赛专辑

ALBUM OF THE THIRD CHINA CUP PENJING COMPETITION

第三届中国杯盆景大赛于2021年6月23日至7月2日在上海市崇明区花博园百花馆成功举办。作为第十届花博会展期活动之一,由中国花卉协会作为指导单位,中国花卉协会盆景分会、上海市崇明区人民政府具体承办,上海市花卉协会协办。

　　此次活动以"江风海韵,诗情画意"为主题。一是从"江""海"交汇的地理位置上反映其鲜明的文化背景。本届大赛举办地在上海崇明,辐射于经济发达、文化繁荣的长三角,不同流派、不同风格的盆景同台竞技,是华夏璀璨文化的多元化崭露。二是从盆景如"诗"如"画"的造型艺术上诠释其特有的观赏价值。把"绿水青山"理念和"花开中国梦"的愿景深植整个活动之中。

第十届中国花卉博览会开幕式现场

本届大赛汇聚了来自北京、上海、江苏、浙江、安徽、福建、江西、山东、河南、湖北、湖南、广东、广西、四川、贵州、云南、陕西等17个省（自治区、直辖市）的310盆盆景参赛。参赛盆景区域广泛，种类齐全，规格多样，造型各异。经过评委专家组的认真评选，共评出特等奖8名，金奖21名，银奖42名，铜奖71名，荣誉奖10名，新锐奖5名，特别贡献奖2名，最具产业化生产潜力奖5名，最受观众喜爱奖3名，大赛组织奖一等奖1名，组织奖二等奖3名，组织奖三等奖13名。

为丰富"大赛"内容，讲述"盆景人"的故事，组委会制作了一组专题宣传片，在盆景展示期间，通过电视屏幕滚动播放各省（自治区、直辖市）盆景产业发展现状、组织活动情况、名人名企名园等内容。为活跃展区气氛，组委会增加了互动内容，邀请了来自9个省的26位盆景人进行现场盆景创作表演，并讲解制作技艺。让参观者能亲眼目睹盆景制作过程，初步了解盆景造型技法。同时，本次大赛期间正值建党100周年庆，组委会征集了一组（10盆）建党主题作品在特展区集中展出。其内容有"红船精神"寓意，有"红军长征"片段，有"革命摇篮"景点，有"一带一路"场面，有"万里长城"雄姿等，体现了盆景人热情讴歌党的丰功伟绩和对党的深情热爱。

6月23日上午举行第三届中国杯盆景大赛颁奖仪式，颁奖仪式由中国花卉协会盆景分会会长施勇如主持。中国花卉协会副会长赵良平，上海市崇明区区委书记李政，上海市崇明区区委副书记、区长缪京，上海市崇明区政协副主席袁刚，上海市崇明区区委组织部副部长郁京忠，上海市花卉协会会长蔡友铭，上海市花卉协会秘书长华炳均，江苏省花木协会会长张坚勇，江苏省花木协会秘书长顾鲁同，世界盆景友好联盟名誉主席胡运骅；中国花卉协会盆景分会名誉会长郑长才，如皋市人大副主任钱志刚，如皋市人民政府副市长张百璘，如皋市政协副主席、工商联主席杜永红，中国盆景艺术家协会执行会长王志刚，中国花卉协会盆景分会秘书长郝继锋，中国风景园林学会花卉盆景赏石分会常务副理事长郭新华，中国风景园林学会花卉盆景赏石分会常务副理事长史佩元，盆景乐园网站站长郑志林，安徽省花卉协会名誉会长张义铮，上海植物园党委书记肖卫峰等领导和嘉宾出席。部分领导和嘉宾为大赛评委、监委颁发聘书，为大赛特等奖、金奖等获奖选手颁奖。

第三届中国杯盆景大赛旨在借助花博会平台，再次提升中国杯盆景大赛品牌知名度和影响力，进一步促进各盆景流派、各社团、各地爱好者交流、沟通、切磋、合作，推动盆景产业蓬勃发展。

1	2
3	4

1. 第三届中国杯盆景大赛参赛作品评审现场
2. 第三届中国杯盆景大赛筹备工作会议现场
3. 盆景创作现场表演
4. 盆景分会组建评审团严格审核参赛作品

1	2
3	4

1. 上海市崇明区区长缪京致辞
2. 上海市花卉协会会长蔡友铭致辞
3. 上海市崇明区区委书记李政（右1）为大赛庆祝建党100周年特别荣誉奖获得者颁奖
4. 世界友好联盟名誉主席胡运骅先生（左1）、中国花卉协会盆景分会名誉会长郑长才先生（右1）为大赛特等奖获得者颁奖

第三届中国杯盆景大赛专辑
ALBUM OF THE THIRD CHINA CUP PENJING COMPETITION

1	2
3	4

1　中国花卉协会副会长赵良平先生（右1）为大赛特别贡献奖获得者颁奖
2　中国盆景艺术大师王如生（左1）引导中国花卉协会副会长赵良平先生（左2）、上海市花卉协会会长蔡友铭先生（右2）巡馆
3　中国花卉协会盆景分会会长施勇如先生（右1）、上海市崇明区政协副主席袁刚（左1）为大赛评委、监委颁发证书
4　中国花卉协会盆景分会会长施勇如先生主持颁奖仪式

第三届中国杯盆景大赛评奖要求

ALBUM OF THE THIRD CHINA CUP
PENJING COMPETITION

一、评分原则

1. 遵循公开、公平、公正的原则。
2. 坚持标准、认真负责、尽量减少失误；要对每一件作品的评审结果负责。
3. 评比时，评委必须单独对作品评审打分，不得互相商议，不得互通评比意见和结果。
4. 评比过程由监委全程监督。
5. 评委打分完成后，要在每张评比表上签上自己的名字，以便查询。
6. 评比结果公布前，评委不得泄露评奖结果。

二、评分标准

1.树木盆景（100分）

评价要点		具体要求	评分分量占比（%）
题名		命名恰当，寓意深远，是对造型与内涵的高度概括	5
景	总体	因材施型，加工技术运用恰当，制作精细，"形神兼备""小中见大""源于自然、高于自然"，艺术感染力强	70
	分项	造型的平衡性、协调性和艺术性	40
		植物选材的恰当性和健康程度	30
盆		配盆的款式、质地、大小、深浅、色泽与主题匹配	20
架		几架造型、大小、高矮、色彩、花纹、工艺等与盆景配置协调	5

2.山水、水旱盆景（100分）

评价要点		具体要求	评分分量占比（%）
题名		命名恰当，寓意深远，是对造型与内涵的高度概括	5
景	总体	选才得宜，运用盆景艺术创作原则，精心取舍、组合、布局，恰到好处地配置植物、点缀摆件，达到立体山水画的效果，意境深远	80
	分项	山石等材料选择的恰当性和环保性	20
		造型的平衡性、协调性和艺术性	40
		植物选材的恰当性和健康程度	20
盆		配盆的款式、质地、大小、深浅、色泽与主题匹配	10
架		几架造型、大小、高矮、色彩、花纹、工艺等与盆景配置协调	5

3.微型组合盆景（100分）

评价要点	具体要求	评分分量占比（%）
题名	命名恰当，寓意深远，是对造型与内涵的高度概括	5
群体组合效果	组合元素搭配的平衡性、协调性和艺术性	20
	微型盆景：按树木、山水、水旱盆景的评分标准，达到"缩龙成寸""小中见大"的艺术效果。要求其中植物所占空间不低于20%，盆景中植物应在盆中养护至少一年以上。其中选材、造型和植物健康所占比例分别为10%、30%、20%	60
博古架（道具）	造型优美，工艺精良，与微型盆景、配件相得益彰，达到最佳观赏效果	15

4.观花果类盆景（100分）

评价要点		具体要求	评分分量占比（%）
题名		命名恰当，寓意深远，是对造型与内涵的高度概括	5
景	总体	因材施型，加工技术运用恰当，制作精细，"形神兼备""小中见大""源于自然、高于自然"，艺术感染力强	70
	分项	造型的平衡性、协调性和艺术性	35
		植物健康，花或果实色泽鲜艳亮丽，大小、多寡与植株相协调	35
盆		质地、大小、深浅、色泽与主题匹配	20
架		几架造型、大小、高矮、色彩、花纹、工艺等与盆景配置协调	5

第三届中国杯盆景大赛评比委员会、监督委员会名单

ALBUM OF THE THIRD CHINA CUP
PENJING COMPETITION

评比委员会
主　任：李树华
成　员：王如生　韦群杰　谢继书　范义成　沈柏平　张志刚

监督委员会
成　员：郝继锋　杨梦君　张静国

第三届中国杯盆景大赛专辑

获奖作品介绍及部分参展作品展示

ALBUM OF THE THIRD CHINA CUP PENJING COMPETITION

第三届中国杯盆景大赛专辑
ALBUM OF THE THIRD CHINA CUP PENJING COMPETITION

 24 —— 25

 26 —— 27

 28 —— 29

 30 —— 31

 32 —— 33

 34 —— 35

 36 —— 37

 38 —— 39

 40 —— 41

 42 —— 43

 44 —— 45

 46 —— 47

 48 —— 49

 50 —— 51

 52 —— 53

 54 —— 55

获奖作品介绍及部分参展作品展示

56 — 57

58 — 59

60 — 61

62 — 63

64 — 65

66 — 67

68 — 69

70 — 71

72 — 73

74 — 75

76 — 77

78 — 79

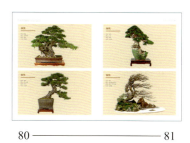
80 — 81

82 — 83

84 — 85

86 — 87

第三届中国杯盆景大赛专辑
ALBUM OF THE THIRD CHINA CUP PENJING COMPETITION

88 — 89　　90 — 91　　92 — 93　　94 — 95

96 — 97　　98 — 99　　100 — 101　　102 — 103

104 — 105　　106 — 107　　108 — 109　　110 — 111

112 — 113　　114 — 115　　116 — 117　　118 — 119

获奖作品介绍及部分参展作品展示

120 —————— 121

122 —————— 123

124 —————— 125

126 —————— 127

128 —————— 129

130 —————— 131

132 —————— 133

134 —————— 135

136 —————— 137

138 —————— 139

140 —————— 141

142 —————— 143

144 —————— 145

146 —————— 147

148 —————— 149

150 —————— 151

第三届中国杯盆景大赛专辑
ALBUM OF THE THIRD CHINA CUP PENJING COMPETITION

152 — 153   154 — 155   156 — 157   158 — 159

160 — 161   162 — 163   164 — 165   166 — 167

168 — 169   170 — 171   172 — 173   174 — 175

176 — 177   178 — 179   180 — 181   182 — 183

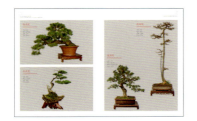   

184 — 185   186 — 187   188 — 189   190 — 191

获奖作品介绍及部分参展作品展示

192 —— 193

194 —— 195

196 —— 197

198 —— 199

200 —— 201

202 —— 203

204 —— 205

206 —— 207

208 —— 209

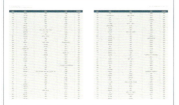
210 —— 211

212 —— 213

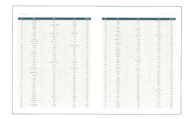
214 —— 215

216

特等奖

省份：广东
题名：苍龙教子
树种：东方橘
作者：佛山市顺德区容桂园林盆景协会

特等奖

省份：江苏
题名：花厅风韵
树种：真柏
作者：李运平

特等奖

省份：江苏
题名：岁月如歌
树种：济州真柏
作者：杨建

特等奖

省份：河南
题名：黄河故事
树种：柽柳
作者：马建新

特等奖

省份：广东
题名：大风歌
树种：九里香
作者：陈昌

特等奖

省份：福建
题名：南国风韵
树种：赤楠
作者：周建华

特等奖

省份：安徽
题名：岁月
树种：真柏
作者：赵斌

特等奖

省份：广西
题名：浓荫
树种：雀梅
作者：曹通

金奖

省份：江苏
题名：水绘情缘
树种：黄杨
作者：陈冠军

金奖

省份：陕西
题名：蛟龙探海
树种：真柏
作者：邓小涛

金奖

省份：湖北
题名：一带一路
树种：对节白蜡
作者：李鹤鸣

金奖

省份：江苏
题名：厚德载物
树种：济州真柏
作者：李小军

金奖

省份：湖北
题名：觅幽图
树种：对节白蜡
作者：黄守贤

金奖

省份：河南
题名：六月忘暑
树种：柽柳
作者：齐胜利

金奖

省份：浙江
题名：比翼双飞
树种：大阪松
作者：周孟松

金奖

省份：广东
题名：礼贤下士
树种：九里香
作者：广州盆景协会

金奖

省份：安徽
题名：盛世枫和
树种：三角枫
作者：刘胜才

金奖

省份：陕西
题名：沧海桑田
树种：真柏
作者：邓小涛

金奖

省份：江苏
题名：苍翠生辉
树种：真柏
作者：翟本建

金奖

省份：云南
题名：动静皆风云
树种：鞍叶羊蹄甲
作者：解道乾

金奖

省份：福建
题名：历阅千秋
树种：榕树
作者：吴文博

金奖

省份：广西
题名：天地人和
树种：雀梅
作者：谢祖钦

金奖

省份：江苏
题名：探月
树种：枷罗木
作者：吴吉成

金奖

省份：山东
题名：百折不挠
树种：真柏
作者：山东锦色松苑景观文化工程有限公司

金奖

省份：广西
题名：沧海横流显本色
树种：三角梅
作者：陈华春

金奖

省份：湖南
题名：武陵荟萃
树种：黄杨、龟纹石
作者：杨光术

金奖

省份：江苏
题名：石溪
树种：大阪松
作者：胡旭升

金奖

省份：云南
题名：和谐家园
树种：铁马鞭、枸子、孔雀石、真柏等
作者：许万明

金奖

省份：山东
题名：沂蒙风情
树种：榆树
作者：宋传文

银奖

省份：湖南
题名：林深溪更幽
树种：瓜子黄杨
作者：夏建元

银奖

省份：安徽
题名：听涛
树种：真柏
作者：赵斌

银奖

省份：贵州
题名：古韵秀春
树种：榆树
作者：朱前贵

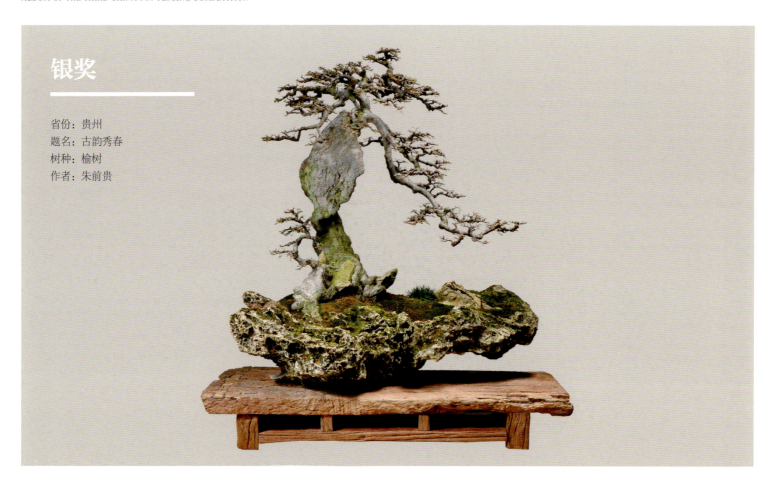

银奖

省份：江苏
题名：金龙狂舞
树种：济州真柏
作者：杨建

银奖

省份：山东
题名：苍穹
树种：石榴
作者：张新平

银奖

省份：云南
题名：汉唐遗韵
树种：清香木
作者：王昌

银奖

省份：河南
题名：望归图
树种：柽柳
作者：梁凤楼

银奖

省份：江西
题名：案上云烟
树种：榆树等
作者：李飙

获奖作品介绍及部分参展作品展示

银奖

省份：福建
题名：玉树临风
树种：真柏
作者：谢根亮

银奖

省份：江苏
题名：江南好
树种：新疆石
作者：芮新华

获奖作品介绍及部分参展作品展示

银奖

省份：四川
题名：展望
树种：金弹子
作者：杨勇

银奖

省份：江苏
题名：万古峥嵘
树种：真柏
作者：徐雨如

银奖

省份：上海
题名：俯览众山
树种：罗汉松
作者：赵伟

银奖

省份：山东
题名：舞龙摆尾
树种：真柏
作者：张新平

银奖

省份：云南
题名：青山妩媚
树种：孔雀石、宣石、风凌石、汤泉石
作者：太云华

银奖

省份：上海
题名：劲岩傲苍穹
树种：宣石、真柏
作者：张继国

银奖

省份：江苏
题名：苍翠恒古
树种：真柏
作者：朱惠祥

银奖

省份：四川
题名：蜀江春色
树种：沙片石、中华景天
作者：韩能

银奖

省份：浙江
题名：浑然天成
树种：榆树
作者：赵武年

银奖

省份：福建
题名：邀月
树种：朴树
作者：陈向阳

银奖

省份：贵州
题名：黔岭幽谷
树种：珍珠柏、英德石
作者：贵州省盆景艺术协会

银奖

省份：贵州
题名：无极
树种：台湾真柏
作者：张勇

银奖

省份：湖北
题名：远古之韵
树种：对节白蜡
作者：邵火生

银奖

省份：福建
题名：飞扬跋扈为谁雄
树种：榆树
作者：高定江

银奖

省份：四川
题名：春山隐士
树种：铺地柏
作者：陈志贵

银奖

省份：江苏
题名：上人听松
树种：五针松
作者：袁杨梦秋、许忠

银奖

省份：江苏
题名：汉柏古韵
树种：济州真柏
作者：康传建

银奖

省份：浙江
题名：春归
树种：榆树
作者：杨少平

银奖

省份：安徽
题名：豪华去尽
树种：三角枫
作者：刘胜才

银奖

省份：上海
题名：蛙谷幽景
树种：真柏
作者：施孟超

银奖

省份：浙江
题名：吟龙
树种：赤松
作者：金育林

银奖

省份：广东
题名：鹤舞
树种：雀梅
作者：广东省珠海市斗门区花卉盆景协会

获奖作品介绍及部分参展作品展示

银奖

省份：江苏
题名：闲云出岫
树种：黄杨
作者：燕永生

银奖

省份：浙江
题名：浣纱古风
树种：榆树
作者：黄魁

银奖

省份：江苏
题名：群英荟萃
树种：火棘、雀舌罗汉松、黄杨、枫树、对节白蜡、蒲草
作者：刘德祥

银奖

省份：山东
题名：岁月
树种：真柏
作者：杨阳

银奖

省份：上海
题名：千岱青岚
树种：台湾真柏
作者：赵伟

银奖

省份：江苏
题名：舞
树种：真柏
作者：陈文娟

银奖

省份：北京
题名：静思
树种：真柏
作者：李巍巍

银奖

省份：浙江
题名：峥嵘
树种：五针松
作者：吴一平

银奖

省份：江苏
题名：卧伏乾坤
树种：黄杨
作者：钱国柱

银奖

省份：北京
题名：独峰胜景
树种：英石
作者：刘天明

铜奖

省份：福建
题名：古榕生辉
树种：榕树
作者：黄丰收

铜奖

省份：江西
题名：忆江南
树种：珍珠柏、枸子等
作者：王军

获奖作品介绍及部分参展作品展示

铜奖

省份：江苏
题名：云从龙
树种：真柏
作者：翟本建

铜奖

省份：福建
题名：横空出世
树种：榕树
作者：叶宗裕

铜奖

省份：福建
题名：枯荣峥嵘
树种：榕树
作者：曾顺传

铜奖

省份：福建
题名：挥斥方遒
树种：黑松
作者：王礼宾

铜奖

省份：江苏
题名：古朴
树种：真柏
作者：朱登峰

铜奖

省份：湖北
题名：故人依然笑春风
树种：榆树、对节白蜡
作者：舒杰强

铜奖

省份：山东
题名：古风
树种：石榴
作者：张新平

铜奖

省份：上海
题名：定风波
树种：五针松
作者：上海植物园

铜奖

省份：江苏
题名：悠然
树种：黑松
作者：李文明

铜奖

省份：四川
题名：江山如画
树种：砂片石、中华景天
作者：韩能

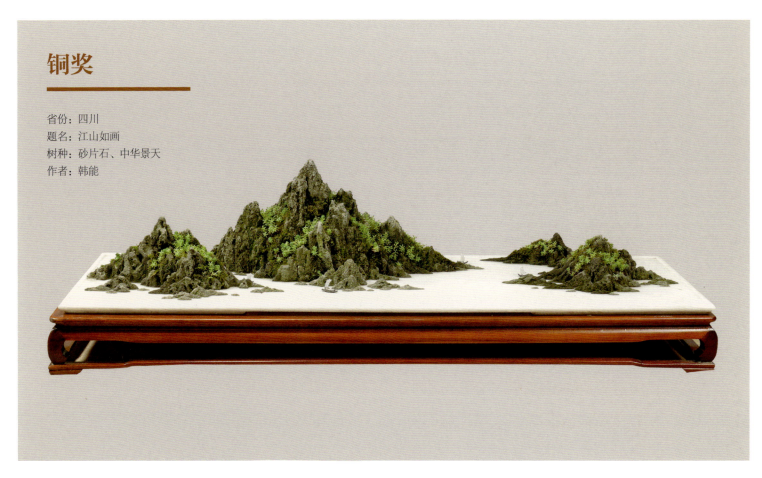

铜奖

省份：江苏
题名：历练百年橙青空
树种：五针松
作者：张柏云

获奖作品介绍及部分参展作品展示

铜奖

省份：四川
题名：鬼虎神工
树种：金弹子
作者：王刚

铜奖

省份：山东
题名：云卷云舒
树种：真柏
作者：李富顺

铜奖

省份：云南
题名：锦绣河山
树种：英德石、榆子、铁马鞭
作者：宋有斌

铜奖

省份：山东
题名：汉柏
树种：真柏
作者：付永江

铜奖

省份：浙江
题名：古柏望霞
树种：真柏
作者：姚金龙

铜奖

省份：贵州
题名：南湖记忆
树种：真柏
作者：遵义职业技术学院

铜奖

省份：广东
题名：闲情雅趣
树种：山橘
作者：黄继涛

铜奖

省份：浙江
题名：古渡峥嵘
树种：真柏
作者：缪顺华

铜奖

省份：浙江
题名：飘逸春秋
树种：真柏
作者：葛德志

铜奖

省份：江苏
题名：听涛
树种：黑松
作者：唐森林

铜奖

省份：四川
题名：比翼双飞
树种：金弹子
作者：王自富

铜奖

省份：湖南
题名：沅水绿洲
树种：中华蚊母
作者：夏建元

铜奖

省份：广西
题名：苍龙探海
树种：雀梅
作者：张朝状

铜奖

省份：广东
题名：众志成城
树种：博兰
作者：广东省珠海市斗门区花卉盆景协会

铜奖

省份：上海
题名：太极
树种：榆树
作者：张锦华

铜奖

省份：山东
题名：岸边蝉声
树种：真柏、龟纹石
作者：杨阳

铜奖

省份：山东
题名：枯木逢春
树种：石榴
作者：李富顺

铜奖

省份：浙江
题名：松华正茂
树种：赤松
作者：朱伟波

铜奖

省份：河南
题名：榆乐
树种：榆树
作者：施建国

铜奖

省份：福建
题名：挺拔
树种：博兰
作者：周卫东

铜奖

省份：浙江
题名：千里走单骑
树种：朴树
作者：王朝晖

铜奖

省份：山东
题名：相濡以沫
树种：真柏
作者：青岛北苑园林工程有限公司

获奖作品介绍及部分参展作品展示

铜奖

省份：江苏
题名：古柏清池
树种：地龙柏
作者：张林

铜奖

省份：广西
题名：南海探宝
树种：九里香
作者：杨海

铜奖

省份：湖北
题名：楚魂
树种：对节白蜡
作者：章征武

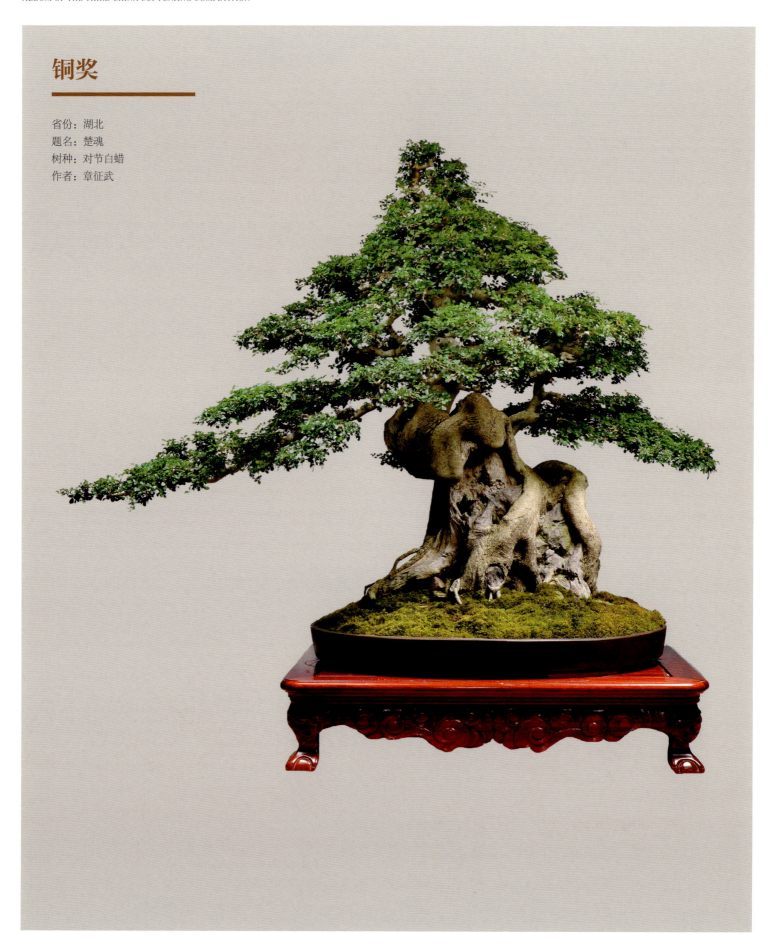

铜奖

省份：贵州
题名：甲天下
树种：柏树
作者：万放明

铜奖

省份：上海
题名：一木一山林
树种：黄金柏、对节白蜡、金边黄杨
作者：沈建忠

铜奖

省份：江苏
题名：嶙峋
树种：真柏
作者：吴吉成

铜奖

省份：云南
题名：云淡风清
树种：铁马鞭
作者：何仕虎

铜奖

省份：福建
题名：琼林玉树
树种：朴树
作者：陈永锋

铜奖

省份：上海
题名：峰岭映翠
树种：真柏
作者：施孟超

铜奖

省份：江苏
题名：集景
树种：山野草、络石、柏树等
作者：吴吉成

获奖作品介绍及部分参展作品展示

铜奖

省份：云南
题名：云岭风情
树种：云南元宝冬青
作者：郭纹辛

铜奖

省份：山东
题名：祥云劲柏
树种：真柏
作者：刘东

获奖作品介绍及部分参展作品展示

铜奖

省份：江苏
题名：枯荣相依
树种：济州真柏
作者：王建

铜奖

省份：河南
题名：黄河秀色
树种：柽柳
作者：西流湖公园

铜奖

省份：河南
题名：铜山湖情怀
作者：解春芳

铜奖

省份：广东
题名：筑梦华章
树种：九里香
作者：梁洪添

铜奖

省份：山东
题名：汉韵苍柏
树种：真柏
作者：山东锦色松苑景观文化工程有限公司

铜奖

省份：四川
题名：万众一心
树种：金弹子
作者：胡开强

铜奖

省份：上海
题名：追思
树种：黑松、榆树、金雀等
作者：杜龙飞

铜奖

省份：江苏
题名：榆渔和唱
树种：榆树、英德石
作者：姜文华

铜奖

省份：河南
题名：春牧
树种：柽柳
作者：杨自强

铜奖

省份：广东
题名：根奇带固阅春秋
树种：雀梅
作者：冼国棠

铜奖

省份：四川
题名：扭转乾坤
树种：金弹子
作者：胡锦江

铜奖

省份：湖北
题名：登舟望秋月
树种：三角枫
作者：朱达友

铜奖

省份：福建
题名：依石
树种：榆树
作者：许志强

铜奖

省份：江苏
题名：云是鹤家乡
树种：黄山松
作者：朱德保

铜奖

省份：贵州
题名：云之韵
树种：黄杨
作者：易竹

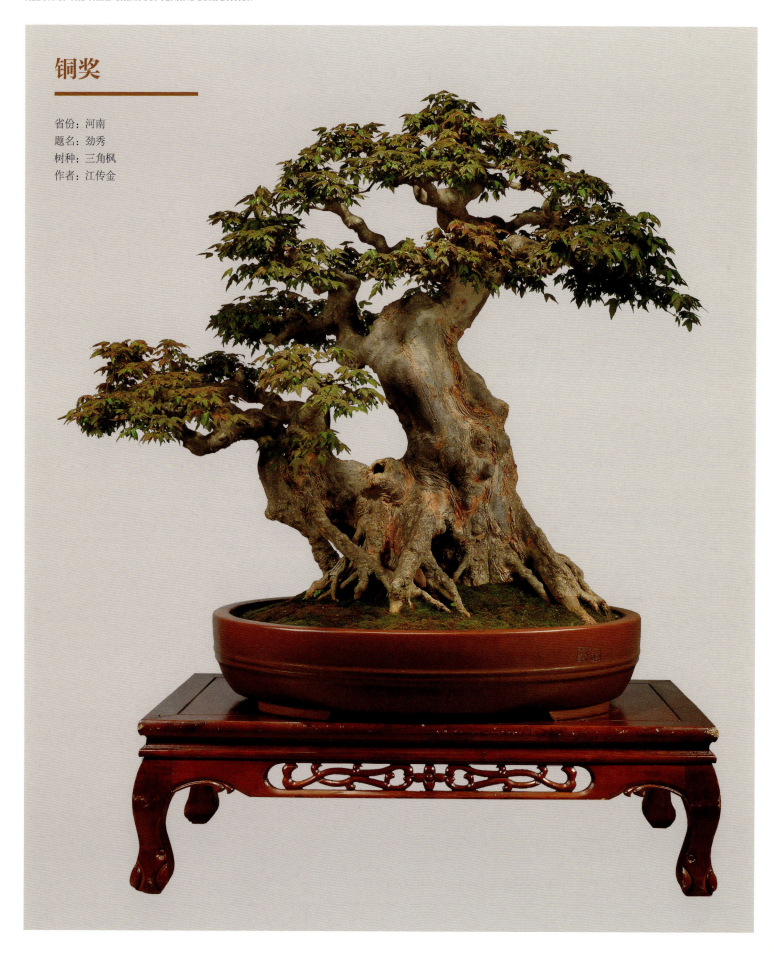

铜奖

省份：河南
题名：劲秀
树种：三角枫
作者：江传金

铜奖

省份：江西
题名：唐风
树种：三角枫
作者：刘礼国

铜奖

省份：贵州
题名：天生桥
树种：珍珠栒子
作者：简系华

铜奖

省份：安徽
题名：独舞
树种：雀梅
作者：陈久荣

铜奖

省份：广西
题名：起舞弄清影
树种：儋州博兰
作者：韦汉新

铜奖

省份：浙江
题名：鸟鸣树发春如许
树种：珍珠柏、黑松、金边女贞、真柏、黄杨、枸子、鸡爪槭
作者：吴鸣

铜奖

省份：浙江
题名：怡然自得
树种：赤松
作者：沈建平

铜奖

省份：安徽
题名：鸟语蝉鸣林更幽
树种：三角枫
作者：徐迎年

铜奖

省份：广西
题名：疑似银河落九天
树种：三角梅
作者：刘学武

第三届中国杯盆景大赛专辑
ALBUM OF THE THIRD CHINA CUP PENJING COMPETITION

优秀奖

省份：四川
题名：蝉噪林逾静
树种：金弹子
作者：徐世勇

优秀奖

省份：福建
题名：绝代双骄
树种：黑松
作者：郭国取

优秀奖

省份：四川
题名：起舞弄清影
树种：金弹子
作者：严云龙

优秀奖

省份：广西
题名：古木逢春
树种：博兰
作者：洪加威

优秀奖

省份：广西
题名：春和景明
树种：罗汉松
作者：金化栋

优秀奖

省份：山东
题名：相依
树种：地柏
作者：刘东

获奖作品介绍及部分参展作品展示

优秀奖

省份：江苏
题名：楚淮雄姿
树种：真柏
作者：曹立波

优秀奖

省份：广西
题名：起航
树种：朴树
作者：夏建洋

优秀奖

省份：广西
题名：敦煌春曲
树种：朴树
作者：吴启忠

优秀奖

省份：贵州
题名：古木横斜
树种：金弹子
作者：贵州省盆景艺术协会

优秀奖

省份：四川
题名：本是同根生
树种：金弹子
作者：江波

优秀奖

省份：福建
题名：英姿艳舞
树种：朴树
作者：王国山

优秀奖

省份：浙江
题名：浣纱溪畔
树种：附石榆
作者：黄学明

优秀奖

省份：四川
题名：蜀江秋色
树种：金弹子
作者：周树成

优秀奖

省份：江苏
题名：历经劫难犹苍然
树种：真柏
作者：刘永

优秀奖

省份：湖北
题名：地动山河
树种：对节白蜡
作者：王子健

优秀奖

省份：上海
题名：一岸清风
树种：真柏等
作者：上海植物园

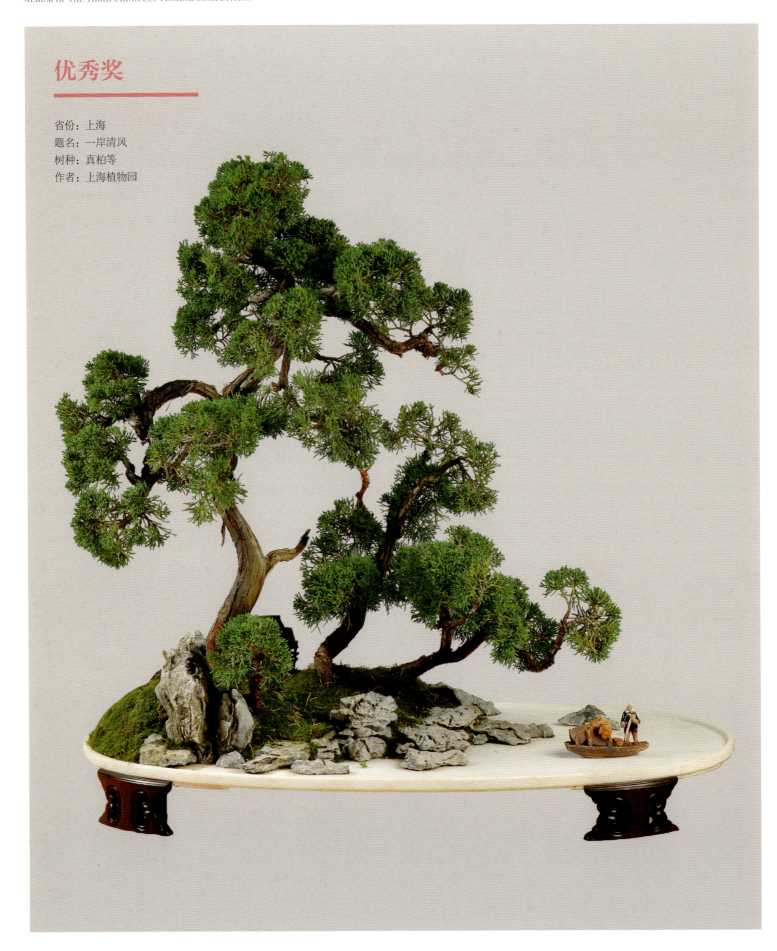

优秀奖

省份：河南
题名：清影
树种：真柏
作者：徐家顺

优秀奖

省份：江苏
题名：绿云深处
树种：五针松
作者：姜南生

优秀奖

省份：江西
题名：眺望
树种：大阪松等
作者：王军

优秀奖

省份：陕西
题名：秦巴古林
树种：真柏
作者：金良磊

优秀奖

省份：福建
题名：石上生辉
树种：榆树
作者：王柏鸿

优秀奖

省份：河南
题名：弦月蕴野趣
树种：榕树、真柏、清香木、五针松等
作者：付士平

获奖作品介绍及部分参展作品展示

优秀奖

省份：浙江
题名：古榆雄风
树种：榆树
作者：徐立新

优秀奖

省份：江苏
题名：壁立千仞
树种：新西兰地柏
作者：严龙金

优秀奖

省份：浙江
题名：搏击长空
树种：五针松
作者：朱义芳

优秀奖

省份：云南
题名：樵耕南山
树种：黄杨、清香木、榆树、羊蹄甲等
作者：李治武

优秀奖

省份：浙江
题名：古柏新枝
树种：真柏
作者：许泳平

优秀奖

省份：安徽
题名：仰望苍穹
树种：真柏
作者：庞义亮

优秀奖

省份：广西
题名：奥森深处
树种：三角梅
作者：广西药用植物园盆景园

优秀奖

省份：广西
题名：岭南春色
树种：罗汉松
作者：洪柳明

优秀奖

省份：云南
题名：清江览胜
树种：云纹石、真柏、杜鹃、六月雪、珍珠草
作者：曾庆海

优秀奖

省份：上海
题名：景归
树种：石榴、刺柏、落霜红等
作者：杜龙飞

优秀奖

省份：山东
题名：探海
树种：真柏
作者：山东锦色松苑景观文化工程有限公司

优秀奖

省份：山东
题名：耕耘
树种：对节白蜡
作者：张新平

优秀奖

省份：福建
题名：春风舞绿影
树种：榕树等
作者：蔡子章

获奖作品介绍及部分参展作品展示

优秀奖

省份：福建
题名：出涧
树种：七里香
作者：黄盖尔

优秀奖

省份：陕西
题名：苍骨
树种：黄荆
作者：赵德福

优秀奖

省份：上海
题名：云中君
树种：五针松
作者：王相文

优秀奖

省份：山东
题名：百折不挠
树种：石榴
作者：张新平

优秀奖

省份：湖南
题名：叠峰松啸
树种：五针松
作者：夏建元

优秀奖

省份：浙江
题名：谦谦君子
树种：雀梅
作者：邱潘秋

获奖作品介绍及部分参展作品展示

优秀奖

省份：浙江
题名：清风霁月
树种：鹅耳枥
作者：陈富清

优秀奖

省份：安徽
题名：盛世重生
树种：刺柏
作者：徐迎年

优秀奖

省份：广西
题名：和谐
树种：朴树
作者：谭大明

优秀奖

省份：云南
题名：翠展气清云飞扬
树种：黄杨
作者：云南玉溪毓园

优秀奖

省份：山东
题名：凌云壮志
树种：榔榆
作者：青岛北苑园林工程有限公司

优秀奖

省份：河南
题名：岁月永恒
树种：黄荆
作者：王春炎

优秀奖

省份：北京
题名：万水千山
树种：燕山石、风凌石等
作者：刘宗仁

优秀奖

省份：广东
题名：揽月
树种：山橘
作者：郑杰强

优秀奖

省份：广东
题名：梅韵傲蓝天
树种：雀梅
作者：仇伯洪

优秀奖

省份：安徽
题名：耄耋华颜
树种：黄杨
作者：陈久荣

优秀奖

省份：江苏
题名：水石清华
树种：英德石、地柏
作者：严龙金

优秀奖

省份：四川
题名：雄霸·吼
树种：金弹子
作者：龚国文

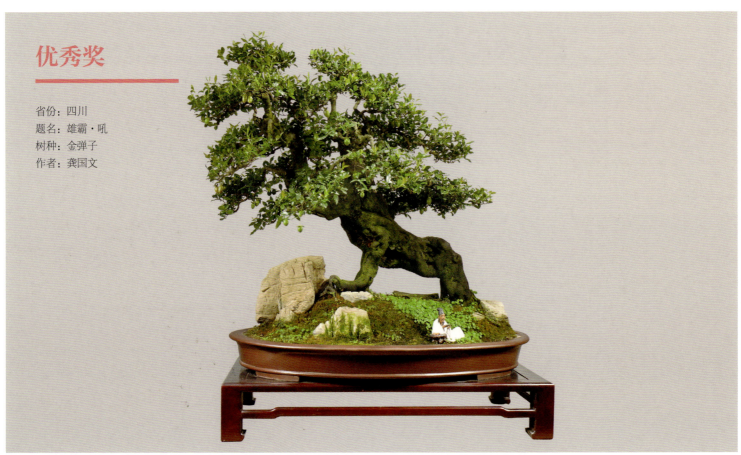

优秀奖

省份：湖南
题名：绝壁游龙
树种：小石积
作者：冷若冰

优秀奖

省份：河南
题名：云月揽苍荆
树种：黄荆等
作者：付士平

优秀奖

省份：福建
题名：罗汉献瑞
树种：罗汉松
作者：何绍福

优秀奖

省份：广西
题名：顶天立地
树种：小叶榕
作者：潘宁辉

获奖作品介绍及部分参展作品展示

优秀奖

省份：山东
题名：唐风汉韵
树种：真柏
作者：杨文兴

优秀奖

省份：浙江
题名：无日不悠悠高
树种：五针松
作者：吴克铭

优秀奖

省份：湖北
题名：古木繁茂逢盛世
树种：对节白蜡
作者：王勇

优秀奖

省份：安徽
题名：志坚何惧临危
树种：真柏
作者：赵斌

优秀奖

省份：四川
题名：沧浪古木图
树种：六月雪
作者：李志伟

优秀奖

省份：上海
题名：滴水之恩
树种：真柏、野漆树、画眉菅等
作者：上海植物园

优秀奖

省份：浙江
题名：高瞻远瞩
树种：黄杨
作者：陈迪寅

优秀奖

省份：浙江
题名：高瞻远瞩
树种：抱石榆
作者：王岳熙

优秀奖

省份：浙江
题名：涅磐
树种：黑松
作者：沈水泉

优秀奖

省份：广东
题名：江廻山林秀
树种：对接白蜡、龟纹石
作者：深圳市盆景协会

优秀奖

省份：广西
题名：峭崖叠翠
树种：罗汉松
作者：罗传忠

优秀奖

省份：江苏
题名：相依
树种：雀舌罗汉松
作者：金彪

优秀奖

省份：江西
题名：云林画意
树种：榆树
作者：李飙

优秀奖

省份：上海
题名：逆流而上与时俱进
树种：榆树、小叶米冬
作者：陈汉培

优秀奖

省份：浙江
题名：千霄凌云
树种：杜鹃
作者：王宇

优秀奖

省份：浙江
题名：冠尖会址
树种：五针松
作者：金华新世元丰子恺学校

优秀奖

省份：湖北
题名：奔小康
树种：榆树
作者：邱泷生

优秀奖

省份：江苏
题名：汉韵
树种：济州真柏
作者：朱永康

优秀奖

省份：安徽
题名：林深不知处
树种：女贞
作者：胡开斌

优秀奖

省份：湖北
题名：根深奋力越千年
树种：对节白蜡
作者：张曙凯

优秀奖

省份：湖北
题名：迎春
树种：对节白蜡
作者：邵阳

优秀奖

省份：广西
题名：岁月
树种：九里香
作者：毛竹

优秀奖

省份：北京
题名：雄魂
树种：对节白蜡
作者：罗虎元

优秀奖

省份：上海
题名：华彩乐章
树种：杜鹃、酢浆草、血茅等
作者：上海植物园

优秀奖

省份：湖南
题名：壑岭松韵
树种：五针松
作者：夏建元

优秀奖

省份：湖北
题名：玉骨高风
树种：对节白蜡
作者：严志龙

优秀奖

省份：广东
题名：碧林深处有人家
树种：博兰、太湖石
作者：深圳市盆景协会

优秀奖

省份：江西
题名：绿水青山
树种：榆树
作者：胡淑良

优秀奖

省份：浙江
题名：雨过斜林半塘蛙鸣
树种：真柏
作者：陶巍

优秀奖

省份：湖北
题名：古树新姿
树种：对节白蜡
作者：伍从保

优秀奖

省份：四川
题名：苍虬
树种：罗汉松
作者：徐世勇

优秀奖

省份：四川
题名：春林嫣然
树种：金弹子
作者：代祥开

优秀奖

省份：浙江
题名：清欢
树种：山松
作者：陶文昱

优秀奖

省份：湖北
题名：吉祥如意
树种：水腊
作者：严彦

优秀奖

省份：安徽
题名：虚怀若谷
树种：榆树
作者：陈久荣

优秀奖

省份：安徽
题名：展望
树种：黑松
作者：刘胜才

优秀奖

省份：河南
题名：临崖不惧
树种：刺柏
作者：郭振宪

优秀奖

省份：江苏
题名：商山四皓
树种：刺柏
作者：朱德保

优秀奖

省份：山东
题名：古柏新韵
树种：真柏
作者：付永江

优秀奖

省份：浙江
题名：他乡孤山
树种：太湖石、真柏
作者：庄阿刚

优秀奖

省份：湖北
题名：抱石听涛
树种：三角枫
作者：孙胜望

优秀奖

省份：湖南
题名：把酒临风迎远客
树种：黄杨
作者：唐辉

优秀奖

省份：河南
题名：丰收再望
树种：山楂
作者：李宗要

优秀奖

省份：安徽
题名：历经风雨显老姿
树种：璎珞柏
作者：庞义亮

优秀奖

省份：湖北
题名：虎踞
树种：对节白蜡
作者：叶天森

优秀奖

省份：四川
题名：傲骨
树种：金弹子
作者：韩树才

优秀奖

省份：江西
题名：古柯赣韵
树种：刺冬青
作者：刘礼国

优秀奖

省份：安徽
题名：寻梦
树种：榆树
作者：胡开斌

优秀奖

省份：湖北
题名：风舞神州
树种：榆树
作者：潘永华

优秀奖

省份：湖南
题名：山高月小
树种：黄杨、龟纹石
作者：刘辉

优秀奖

省份：河南
题名：榆林幽梦
树种：榆树
作者：朱金水

优秀奖

省份：四川
题名：大江东去
树种：金弹子
作者：徐世勇

优秀奖

省份：广东
题名：山亭极目楚江开
树种：福建茶、龟纹石
作者：深圳市盆景协会

优秀奖

省份：广西
题名：松涛
树种：黑松
作者：覃超华

优秀奖

省份：广东
题名：梅林春色迎百鸟
树种：雀梅
作者：冼国棠

优秀奖

省份：江苏
题名：松韵
树种：五针松
作者：芮新华

优秀奖

省份：湖南
题名：古木斜影映江中
树种：瓜子黄杨
作者：夏建元

优秀奖

省份：河南
题名：耕耘
树种：石榴
作者：任宏涛

优秀奖

省份：陕西
题名：绿云呈祥
树种：金弹子
作者：乔海清

优秀奖

省份：上海
题名：清清渡港河
树种：新西兰柏
作者：陈汉培

优秀奖

省份：广东
题名：月下问僧人
树种：朝天红
作者：林学钊

优秀奖

省份：陕西
题名：临渊雄风
树种：黑松
作者：张定元

优秀奖

省份：陕西
题名：古柏遗韵
树种：刺柏
作者：曾昭杰

优秀奖

省份：湖南
题名：摘星
树种：三角枫
作者：冷若冰

优秀奖

省份：广西
题名：海岛风韵
树种：海岛原生罗汉松
作者：韦宝玉

优秀奖

省份：贵州
题名：黔景铁骨
树种：珍珠黄杨
作者：吕和金

优秀奖

省份：湖北
题名：岁月放歌
树种：对节白蜡
作者：甘德林

优秀奖

省份：江西
题名：望尽天涯路
树种：榆树
作者：胡建军

优秀奖

省份：江苏
题名：儒意松境
树种：海州湾五针松
作者：张文浦

优秀奖

省份：浙江
题名：赤壁回音
树种：英石
作者：王妙青

优秀奖

省份：陕西
题名：古柏漫舞
树种：真柏
作者：张定元

优秀奖

省份：湖北
题名：腾飞
树种：对节白蜡
作者：章征武

优秀奖

省份：广东
题名：飞渡凌云
树种：朝天红
作者：林学钊

优秀奖

省份：四川
题名：三弯九倒拐
树种：刺柏
作者：赖胜东

优秀奖

省份：广西
题名：百度春秋
树种：对节白蜡
作者：覃超华

优秀奖

省份：北京
题名：盖世春秋
树种：榔榆
作者：李越格

优秀奖

省份：安徽
题名：春江帆影
树种：巢湖石
作者：项东

优秀奖

省份：陕西
题名：风骨
树种：真柏
作者：金良磊

优秀奖

省份：河南
题名：百年芳华
树种：榔榆
作者：郑州市世纪公园

优秀奖

省份：陕西
题名：瞻秦仰汉
树种：黄杨
作者：张世坤

优秀奖

省份：江西
题名：独秀
树种：罗汉松
作者：胡淑良

优秀奖

省份：四川
题名：忆·相思
树种：金弹子
作者：龙远洋

优秀奖

省份：北京
题名：春意
树种：澳洲杉
作者：盛藏岩

优秀奖

省份：安徽
题名：揽胜
树种：锰石
作者：项东

优秀奖

省份：安徽
题名：峥嵘岁月
树种：三角枫
作者：郑庆松

优秀奖

省份：安徽
题名：风和日丽
树种：三角枫
作者：朱惠芳

优秀奖

省份：河南
题名：华夏春意
树种：黄荆
作者：郑州市人民公园

优秀奖

省份：江西
题名：小河弯弯向南流
树种：真柏、六月雪等
作者：王健明

优秀奖

省份：河南
题名：乡情
树种：柽柳
作者：张顺舟

优秀奖

省份：北京
题名：情怀
树种：枸骨
作者：盛藏岩

优秀奖

省份：湖北
题名：阳光灿烂
树种：三角枫
作者：刘永辉

优秀奖

省份：广东
题名：水连两岸新
树种：东风橘
作者：广东省珠海市斗门区花卉盆景协会

优秀奖

省份：安徽
题名：风起云涌
树种：黑松
作者：汪培森

优秀奖

省份：北京
题名：岛屿风光
树种：风凌石
作者：刘宗仁

优秀奖

省份：河南
题名：榆林春暖
树种：榆树
作者：唐庆安

优秀奖

省份：北京
题名：古韵情怀
树种：榔榆
作者：朱振刚

庆祝建党100周年题材盆景作品

第三届中国杯盆景大赛专辑

ALBUM OF THE THIRD CHINA CUP PENJING COMPETITION

庆祝建党100周年题材盆景作品

作者：韩琦
题名：长征诗一首
材种：龟纹石、迎春、薄雪万年青、珍珠草、苔藓
规格：盆长150cm×68cm

庆祝建党100周年题材盆景作品

作者：韩琦
题名：长城雄姿
材种：龟纹石、迎春、薄雪万年青、珍珠草、苔藓
规格：盆长150cm×68cm

庆祝建党 100 周年题材盆景作品

作者：韩琦
题名：南湖揽胜
材种：龟纹石、真柏、迎春、清香木、薄雪万年青、苔藓
规格：盆长 160cm×80cm

庆祝建党 100 周年题材盆景作品

作者：韩琦
题名：丝路传奇
材种：九龙壁石、迎春、薄雪万年青、冷水草
规格：盆长 180cm×80cm

庆祝建党100周年题材盆景作品

作者：韩琦
题名：延安颂
材种：九龙壁石、新西兰柏、薄雪万年青、冷水草、苔藓
规格：盆长160cm×70cm

庆祝建党100周年题材盆景作品

作者：韩琦
题名：时代新貌
材种：龟纹石、薄雪万年青、珍珠草、苔藓、配件金属、石材雕刻
规格：盆长150cm×68cm

庆祝建党100周年题材盆景作品

作者：何宣生
题名：百年华诞忆初心

庆祝建党100周年题材盆景作品

作者：上海植物园盆景青年团队
题名：柏年峥嵘，万年长青

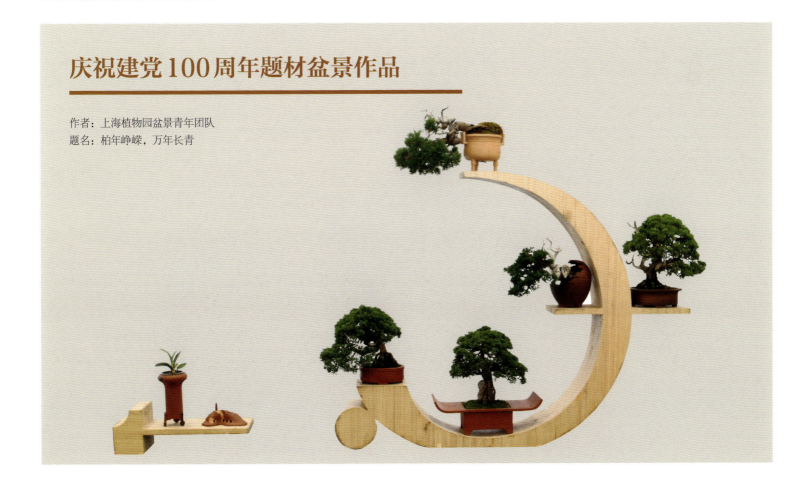

庆祝建党100周年题材盆景作品

作者：覃超华
题名：晨曦洒满红土地

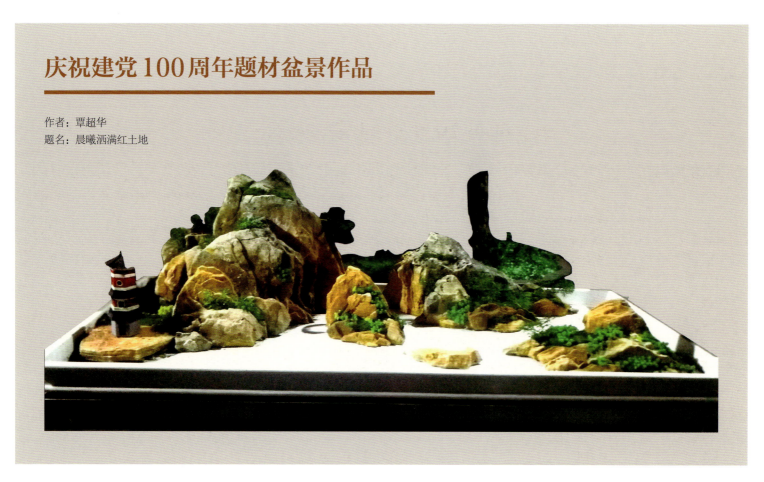

庆祝建党100周年题材盆景作品

作者：王远德
题名：龙魂

附 录

第三届中国杯盆景大赛获奖情况一览表

省份	题名	树种	作者	获奖情况
广东	苍龙教子	东方桔	佛山市顺德区容桂园林盆景协会	特等奖
江苏	花厅风韵	真柏	李运平	特等奖
江苏	岁月如歌	济州真柏	杨建	特等奖
河南	黄河故事	柽柳	马建新	特等奖
广东	大风歌	九里香	陈昌	特等奖
福建	南国风韵	赤楠	周建华	特等奖
安徽	岁月	真柏	赵斌	特等奖
广西	浓荫	雀梅	曹通	特等奖
江苏	水绘情缘	黄杨	陈冠军	金奖
陕西	蛟龙探海	真柏	邓小涛	金奖
湖北	一带一路	对节白蜡	李鹤鸣	金奖
江苏	厚德载物	济州真柏	李小军	金奖
湖北	觅幽图	对节白蜡	黄守贤	金奖
河南	六月忘暑	柽柳	齐胜利	金奖
浙江	比翼双飞	大阪松	周孟松	金奖
广东	礼贤下士	九里香	广州盆景协会	金奖
安徽	盛世枫和	三角枫	刘胜才	金奖
陕西	沧海桑田	真柏	邓小涛	金奖
江苏	苍翠生辉	真柏	翟本建	金奖
云南	动静皆风云	鞍叶羊蹄甲	解道乾	金奖
福建	历阅千秋	榕树	吴文博	金奖
广西	天地人和	雀梅	谢祖钦	金奖
江苏	探月	枷罗木	吴吉成	金奖
山东	百折不挠	真柏	山东锦色松苑景观文化工程有限公司	金奖
广西	沧海横流显本色	三角梅	陈华春	金奖
湖南	武陵荟萃	黄杨、龟纹石	杨光术	金奖
江苏	石溪	大阪松	胡旭升	金奖
云南	和谐家园	铁马鞭、枸子、孔雀石、真柏等	许万明	金奖
山东	沂蒙风情	榆树	宋传文	金奖
湖南	林深溪更幽	瓜子黄杨	夏建元	银奖
安徽	听涛	真柏	赵斌	银奖
贵州	古韵秀春	榆树	朱前贵	银奖
江苏	金龙狂舞	济州真柏	杨建	银奖
山东	苍穹	石榴	张新平	银奖
云南	汉唐遗韵	清香树	王昌	银奖

省份	题名	树种	作者	获奖情况
河南	望归图	柽柳	梁凤楼	银奖
江西	案上云烟	榆树等	李飙	银奖
福建	玉树临风	真柏	谢根亮	银奖
江苏	江南好	新疆石	芮新华	银奖
四川	展望	金弹子	杨勇	银奖
江苏	万古峥嵘	真柏	徐雨如	银奖
上海	俯览众山	罗汉松	赵伟	银奖
山东	舞龙摆尾	真柏	张新平	银奖
云南	青山妩媚	孔雀石、宣石、风凌石、汤泉石	太云华	银奖
上海	劲岩傲苍穹	宣石、真柏	张继国	银奖
江苏	苍翠恒古	真柏	朱惠祥	银奖
四川	蜀江春色	沙片石、中华景天	韩能	银奖
浙江	浑然天成	榆树	赵武年	银奖
福建	邀月	朴树	陈向阳	银奖
贵州	黔岭幽谷	珍珠柏、英德石	贵州省盆景艺术协会	银奖
贵州	无极	台湾真柏	张勇	银奖
湖北	远古之韵	对节白蜡	邵火生	银奖
福建	飞扬跋扈为谁雄	榆树	高定江	银奖
四川	春山隐士	铺地柏	陈志贵	银奖
江苏	上人听松	五针松	袁杨梦秋、许忠	银奖
江苏	汉柏古韵	济州真柏	康传建	银奖
浙江	春归	榆树	杨少平	银奖
安徽	豪华去尽	三角枫	刘胜才	银奖
上海	蛙谷幽景	真柏	施孟超	银奖
浙江	吟龙	赤松	金育林	银奖
广东	鹤舞	雀梅	广东省珠海市斗门区花卉盆景协会	银奖
江苏	闲云出岫	黄杨	燕永生	银奖
浙江	浣纱古风	榆树	黄魁	银奖
江苏	群英荟萃	火棘、雀舌罗汉松、黄杨、枫树、对节白蜡、蒲草	刘德祥	银奖
山东	岁月	真柏	杨阳	银奖
上海	千岱青岚	台湾真柏	赵伟	银奖
江苏	舞	真柏	陈文娟	银奖
北京	静思	真柏	李巍巍	银奖
浙江	峥嵘	五针松	吴一平	银奖
江苏	卧伏乾坤	黄杨	钱国柱	银奖
北京	独峰胜景	英石	刘天明	银奖
福建	古榕生辉	榕树	黄丰收	铜奖
江西	忆江南	珍珠柏、梅子等	王军	铜奖
江苏	云从龙	真柏	翟本建	铜奖
福建	横空出世	榕树	叶宗裕	铜奖
福建	枯荣峥嵘	榕树	曾顺传	铜奖
福建	挥斥方遒	黑松	王礼宾	铜奖

附录：第三届中国杯盆景大赛获奖情况一览表

省份	题名	树种	作者	获奖情况
江苏	古朴	真柏	朱登峰	铜奖
湖北	故人依然笑春风	榆树、对节白蜡	舒杰强	铜奖
山东	古风	石榴	张新平	铜奖
上海	定风波	五针松	上海植物园	铜奖
江苏	悠然	黑松	李文明	铜奖
四川	江山如画	砂片石、中华景天	韩能	铜奖
江苏	历练百年樱青空	五针松	张柏云	铜奖
四川	鬼虎神工	金弹子	王刚	铜奖
山东	云卷云舒	真柏	李富顺	铜奖
云南	锦绣河山	英德石、枸子、铁马鞭	宋有斌	铜奖
山东	汉柏	真柏	付永江	铜奖
浙江	古柏望霞	真柏	姚金龙	铜奖
贵州	南湖记忆	真柏	遵义职业技术学院	铜奖
广东	闲情雅趣	山橘	黄继涛	铜奖
浙江	古渡峥嵘	真柏	缪顺华	铜奖
浙江	飘逸春秋	真柏	葛德志	铜奖
江苏	听涛	黑松	唐森林	铜奖
四川	比翼双飞	金弹子	王自富	铜奖
湖南	沅水绿洲	中华蚊母	夏建元	铜奖
广西	苍龙探海	雀梅	张朝状	铜奖
广东	众志成城	博兰	广东省珠海市斗门区花卉盆景协会	铜奖
上海	太极	榆树	张锦华	铜奖
山东	岸边蝉声	真柏、龟纹石	杨阳	铜奖
山东	枯木逢春	石榴	李富顺	铜奖
浙江	松华正茂	赤松	朱伟波	铜奖
河南	榆乐	榆树	施建国	铜奖
福建	挺拔	博兰	周卫东	铜奖
浙江	千里走单骑	朴树	王朝晖	铜奖
山东	相濡以沫	真柏	青岛北苑园林工程有限公司	铜奖
江苏	古柏清池	地龙柏	张林	铜奖
广西	南海探宝	九里香	杨海	铜奖
湖北	楚魂	对节白蜡	章征武	铜奖
贵州	甲天下	柏树	万放明	铜奖
上海	一木一山林	黄金柏、对节白蜡、金边黄杨	沈建忠	铜奖
江苏	嶙峋	真柏	吴吉成	铜奖
云南	云淡风清	铁马鞭	何仕虎	铜奖
福建	琼林玉树	朴树	陈永锋	铜奖
上海	峰岭映翠	真柏	施孟超	铜奖
江苏	集景	山野草、络石、柏树等	吴吉成	铜奖
云南	云岭风情	云南元宝冬青	郭纹辛	铜奖
山东	祥云劲柏	真柏	刘东	铜奖
江苏	枯荣相依	济州真柏	王建	铜奖

省份	题名	树种	作者	获奖情况
河南	黄河秀色	柽柳	西流湖公园	铜奖
河南	铜山湖情怀		解春芳	铜奖
广东	筑梦华章	九里香	梁洪添	铜奖
山东	汉韵苍柏	真柏	山东锦色松苑景观文化工程有限公司	铜奖
四川	万众一心	金弹子	胡开强	铜奖
上海	追思	黑松、榆树、金雀等	杜龙飞	铜奖
江苏	榆渔和唱	榆树、英德石	姜文华	铜奖
河南	春牧	柽柳	杨自强	铜奖
广东	根奇带固阅春秋	雀梅	冼国棠	铜奖
四川	扭转乾坤	金弹子	胡锦江	铜奖
湖北	登舟望秋月	三角枫	朱达友	铜奖
福建	依石	榆树	许志强	铜奖
江苏	云是鹤家乡	黄山松	朱德保	铜奖
贵州	云之韵	黄杨	易竹	铜奖
河南	劲秀	三角枫	江传金	铜奖
江西	唐风	三角枫	刘礼国	铜奖
贵州	天生桥	珍珠梅子	简系华	铜奖
安徽	独舞	雀梅	陈久荣	铜奖
广西	起舞弄清影	儋州博兰	韦汉新	铜奖
浙江	鸟鸣树发春如许	珍珠柏、黑松、金边女贞、真柏、黄杨、梅子、鸡爪槭	吴鸣	铜奖
浙江	怡然自得	赤松	沈建平	铜奖
安徽	鸟语蝉鸣林更幽	三角枫	徐迎年	铜奖
广西	疑似银河落九天	三角梅	刘学武	铜奖
四川	蝉噪林逾静	金弹子	徐世勇	优秀奖
福建	绝代双骄	黑松	郭国取	优秀奖
四川	起舞弄清影	金弹子	严云龙	优秀奖
广西	古木逢春	博兰	洪加威	优秀奖
广西	春和景明	罗汉松	金化栋	优秀奖
山东	相依	地柏	刘东	优秀奖
江苏	楚淮雄姿	真柏	曹立波	优秀奖
广西	起航	朴树	夏建洋	优秀奖
广西	敦煌春曲	朴树	吴启忠	优秀奖
贵州	古木横斜	金弹子	贵州省盆景艺术协会	优秀奖
四川	本是同根生	金弹子	江波	优秀奖
福建	英姿艳舞	朴树	王国山	优秀奖
浙江	浣纱溪畔	附石榆	黄学明	优秀奖
四川	蜀江秋色	金弹子	周树成	优秀奖
江苏	历经劫难犹苍然	真柏	刘永	优秀奖
湖北	地动山河	对节白蜡	王子健	优秀奖
上海	一岸清风	真柏等	上海植物园	优秀奖
河南	清影	真柏	徐家顺	优秀奖
江苏	绿云深处	五针松	姜南生	优秀奖

附录：第三届中国杯盆景大赛获奖情况一览表

省份	题名	树种	作者	获奖情况
江西	眺望	大阪松	王军	优秀奖
陕西	秦巴古林	真柏	金良磊	优秀奖
福建	石上生辉	榆树	王柏鸿	优秀奖
河南	弦月蕴野趣	榕树、真柏、清香木、五针松等	付士平	优秀奖
浙江	古榆雄风	榆树	徐立新	优秀奖
江苏	壁立千仞	新西兰地柏	严龙金	优秀奖
浙江	搏击长空	五针松	朱义芳	优秀奖
云南	樵耕南山	黄杨、清香木、榆树、羊蹄甲等	李治武	优秀奖
浙江	古柏新枝	真柏	许泳平	优秀奖
安徽	仰望苍穹	真柏	庞义亮	优秀奖
广西	奥森深处	三角梅	广西药用植物园盆景园	优秀奖
广西	岭南春色	罗汉松	洪柳明	优秀奖
云南	清江览胜	云纹石、真柏、杜鹃、六月雪、珍珠草	曾庆海	优秀奖
上海	景归	石榴、刺柏、落霜红等	杜龙飞	优秀奖
山东	探海	真柏	山东锦色松苑景观文化工程有限公司	优秀奖
山东	耕耘	对节白蜡	张新平	优秀奖
福建	春风舞绿影	榕树等	蔡子章	优秀奖
福建	出涧	七里香	黄盖尔	优秀奖
陕西	苍骨	黄荆	赵德福	优秀奖
上海	云中君	五针松	王相文	优秀奖
山东	百折不挠	石榴	张新平	优秀奖
湖南	叠峰松啸	五针松	夏建元	优秀奖
浙江	谦谦君子	雀梅	邱潘秋	优秀奖
浙江	清风霁月	鹅耳枥	陈富清	优秀奖
安徽	盛世重生	刺柏	徐迎年	优秀奖
广西	和谐	朴树	谭大明	优秀奖
云南	翠展气清云飞扬	黄杨	云南玉溪毓园	优秀奖
山东	凌云壮志	椰榆	青岛北苑园林工程有限公司	优秀奖
河南	岁月永恒	黄荆	王春炎	优秀奖
北京	万水千山	燕山石、风凌石等	刘宗仁	优秀奖
广东	揽月	山橘	郑杰强	优秀奖
广东	梅韵傲蓝天	雀梅	仇伯洪	优秀奖
安徽	耄耋华颜	黄杨	陈久荣	优秀奖
江苏	水石清华	英德石、地柏	严龙金	优秀奖
四川	雄霸·吼	金弹子	龚国文	优秀奖
湖南	绝壁游龙	小石积	冷若冰	优秀奖
河南	云月揽苍荆	黄荆等	付士平	优秀奖
福建	罗汉献瑞	罗汉松	何绍福	优秀奖
广西	顶天立地	小叶榕	潘宁辉	优秀奖
山东	唐风汉韵	真柏	杨文兴	优秀奖
浙江	无日不悠悠高	五针松	吴克铭	优秀奖
湖北	古木繁茂逢盛世	对节白蜡	王勇	优秀奖

省份	题名	树种	作者	获奖情况
安徽	志坚何惧临危	真柏	赵斌	优秀奖
四川	沧浪古木图	六月雪	李志伟	优秀奖
上海	滴水之恩	真柏、野漆树、画眉营等	上海植物园	优秀奖
浙江	高瞻远瞩	黄杨	陈迪寅	优秀奖
浙江	高瞻远瞩	抱石榆	王岳熙	优秀奖
浙江	涅槃	黑松	沈水泉	优秀奖
广东	江廻山林秀	对接白蜡、龟纹石	深圳市盆景协会	优秀奖
广西	峭崖叠翠	罗汉松	罗传忠	优秀奖
江苏	相依	雀舌罗汉松	金彪	优秀奖
江西	云林画意	榆树	李飙	优秀奖
上海	逆流而上与时俱进	榆树、小叶米冬	陈汉培	优秀奖
浙江	千霄凌云	杜鹃	王宇	优秀奖
浙江	冠尖会址	五针松	金华新世元丰子恺学校	优秀奖
湖北	奔小康	榆树	邱泷生	优秀奖
江苏	汉韵	济州真柏	朱永康	优秀奖
安徽	林深不知处	女贞	胡开斌	优秀奖
湖北	根深奋力越千年	对节白蜡	张曙凯	优秀奖
湖北	迎春	对节白蜡	邵阳	优秀奖
广西	岁月	九里香	毛竹	优秀奖
北京	雄魂	对节白蜡	罗虎元	优秀奖
上海	华彩乐章	杜鹃、酢浆草、血茅等	上海植物园	优秀奖
湖南	壑岭松韵	五针松	夏建元	优秀奖
湖北	玉骨高风	对节白蜡	严志龙	优秀奖
广东	碧林深处有人家	博兰、太湖石	深圳市盆景协会	优秀奖
江西	绿水青山	榆树	胡淑良	优秀奖
浙江	雨过斜林半塘蛙鸣	真柏	陶巍	优秀奖
湖北	古树新姿	对节白蜡	伍从保	优秀奖
四川	苍虬	罗汉松	徐世勇	优秀奖
四川	春林嫣然	金弹子	代祥开	优秀奖
浙江	清欢	山松	陶文昱	优秀奖
湖北	吉祥如意	水腊	严彦	优秀奖
安徽	虚怀若谷	榆树	陈久荣	优秀奖
安徽	展望	黑松	刘胜才	优秀奖
河南	临崖不惧	刺柏	郭振宪	优秀奖
江苏	商山四皓	刺柏	朱德保	优秀奖
山东	古柏新韵	真柏	付永江	优秀奖
浙江	他乡孤山	太湖石、真柏	庄阿刚	优秀奖
湖北	抱石听涛	三角枫	孙胜望	优秀奖
湖南	把酒临风迎远客	黄杨	唐辉	优秀奖
河南	丰收再望	山楂	李宗要	优秀奖
安徽	历经风雨显老姿	璎珞柏	庞义亮	优秀奖
湖北	虎踞	对节白蜡	叶天森	优秀奖

附录：第三届中国杯盆景大赛获奖情况一览表

省份	题名	树种	作者	获奖情况
四川	傲骨	金弹子	韩树才	优秀奖
江西	古柯赣韵	刺冬青	刘礼国	优秀奖
安徽	寻梦	榆树	胡开斌	优秀奖
湖北	风舞神州	榆树	潘永华	优秀奖
湖南	山高月小	黄杨、龟纹石	刘辉	优秀奖
河南	榆林幽梦	榆树	朱金水	优秀奖
四川	大江东去	金弹子	徐世勇	优秀奖
广东	山亭极目楚江开	福建茶、龟纹石	深圳市盆景协会	优秀奖
广西	松涛	黑松	覃超华	优秀奖
广东	梅林春色迎百鸟	雀梅	冼国棠	优秀奖
江苏	松韵	五针松	芮新华	优秀奖
湖南	古木斜影映江中	瓜子黄杨	夏建元	优秀奖
河南	耕耘	石榴	任宏涛	优秀奖
陕西	绿云呈祥	金弹子	乔海清	优秀奖
上海	清清渡港河	新西兰柏	陈汉培	优秀奖
广东	月下问僧人	朝天红	林学钊	优秀奖
陕西	临渊雄风	黑松	张定元	优秀奖
陕西	古柏遗韵	刺柏	曾昭杰	优秀奖
湖南	摘星	三角枫	冷若冰	优秀奖
广西	海岛风韵	海岛原生罗汉松	韦宝玉	优秀奖
贵州	黔景铁骨	珍珠黄杨	吕和金	优秀奖
湖北	岁月放歌	对节白蜡	甘德林	优秀奖
江西	望尽天涯路	榆树	胡建军	优秀奖
江苏	儒意松境	海州湾五针松	张文浦	优秀奖
浙江	赤壁回音	英石	王妙青	优秀奖
陕西	古柏漫舞	真柏	张定元	优秀奖
湖北	腾飞	对节白蜡	章征武	优秀奖
广东	飞渡凌云	朝天红	林学钊	优秀奖
四川	三弯九倒拐	刺柏	赖胜东	优秀奖
广西	百度春秋	对节白蜡	覃超华	优秀奖
北京	盖世春秋	椰榆	李越格	优秀奖
安徽	春江帆影	巢湖石	项东	优秀奖
陕西	风骨	真柏	金良磊	优秀奖
河南	百年芳华	椰榆	郑州市世纪公园	优秀奖
陕西	瞻秦仰汉	黄杨	张世坤	优秀奖
江西	独秀	罗汉松	胡淑良	优秀奖
四川	忆·相思	金弹子	龙远洋	优秀奖
北京	春意	澳洲杉	盛藏岩	优秀奖
安徽	揽胜	锰石	项东	优秀奖
安徽	峥嵘岁月	三角枫	郑庆松	优秀奖
安徽	风和日丽	三角枫	朱惠芳	优秀奖
河南	华夏春意	黄荆	郑州市人民公园	优秀奖

省份	题名	树种	作者	获奖情况
江西	小河弯弯向南流	真柏、六月雪等	王健明	优秀奖
河南	乡情	柽柳	张顺舟	优秀奖
安徽	野趣	三角枫	徐宏	优秀奖
浙江	苍松叠翠	大阪松	郑巨相	优秀奖
安徽	岁月有痕	黑松	娄东升	优秀奖
湖北	阳光灿烂	三角枫	刘永辉	优秀奖
北京	情怀	枸骨	盛藏岩	优秀奖
广东	水连两岸新	东风橘	广东省珠海市斗门区花卉盆景协会	优秀奖
安徽	风起云涌	黑松	汪培森	优秀奖
北京	岛屿风光	风凌石	刘宗仁	优秀奖
河南	榆林春暖	榆树	唐庆安	优秀奖
北京	古韵情怀	榔榆	朱振刚	优秀奖
福建	花异影	三角梅	邹剑霞	超规格参展不参评
福建	挥斥八极	榆树	俞宏俊	超规格参展不参评
广东	闻鸡起舞	山鸡蛋	李锦伟	超规格参展不参评